¡Saludos, camiones de basura!

MARAVILLAS VEHÍCULOS 30

LOS CAMIONES DE BASURA

QUINN M. ARNOLD

CREATIVE EDUCATION | CREATIVE PAPERBACKS

¡LA BASURA DE UNA PERSONA ES EL TESORO DE OTRA!

Índice

Publicado por Creative Education y Creative Paperbacks
P.O. Box 227, Mankato, Minnesota 56002
Creative Education y Creative Paperbacks
son sellos editoriales de The Creative Company
www.thecreativecompany.us

Diseño de Graham Morgan
Dirección artística de Blue Design (www.bluedes.com)

Imágenes de Alamy/Oberhaeuser, 14-15, Steve Vidler, 2; Dreamstime/Gennady Poddubny, portada (derecha), 4, Paul Hakimata, portada (centro), 16, Uatp1, 10-11; Getty Images/GennadyPoddubny, 24; Shutterstock/PeopleImages.com - Yuri A, portada (izquierda), 23, Timofeev Vladimir, 3, 20-21, Tomo Jesenicnik, 17; Unsplash/ Jack Blueberry, 1, www.jamesdayart.com, 13, zibik, 6-7; Wikimedia Commons/ AITFFan1, 8-9, W. Bulach, 18-19

Library of Congress Cataloging-in-Publication Data
Names: Arnold, Quinn M., author.
Title: Los camiones de basura / by Quinn M. Arnold.
Other titles: Garbage trucks. Spanish
Description: Mankato, Minnesota : Creative Education and Creative Paperbacks, [2025] | Series: Maravillas | Includes index. | Audience: Ages 4-7 | Audience: Grades K-1 | Summary: "An engine-revving introduction to garbage trucks, this transportation book for beginning readers features eye-catching photographs, humorous captions, and basic facts about the trash-hauling trucks. This Spanish text includes a labeled vehicle guide, glossary, and index"-- Provided by publisher.
Identifiers: LCCN 2024021872 (print) | LCCN 2024021873 (ebook) | ISBN 9798889895268 (library binding) | ISBN 9781682777251 (paperback) | ISBN 9798889895329 (ebook)
Subjects: LCSH: Refuse collection vehicles--Juvenile literature. | CYAC: Refuse collection vehicles. | LCGFT: Instructional and educational works.
Classification: LCC TD794 .A7618 2025 (print) | LCC TD794 (ebook) | DDC 628.4/420284--dc23/eng/20240605
LC record available at https://lccn.loc.gov/2024021872
LC ebook record available at https://lccn.loc.gov/2024021873

Impreso en China

Los camiones de la basura son camiones grandes. Circulan por calles urbanas y carreteras rurales.

La parte delantera de un camión de basura es la cabina. Allí se sienta el conductor. Va un ayudante. Esta persona carga la basura.

¿QUIÉN TIENE BASURA? ¿ALGUIEN?
29
EARTH DAY
EVERYDAY
LLAGE CLEAN
INTERNATIONAL
29
7400
DT466
LYNBROOK

La tolva es la parte trasera del camión. Contiene basura. Una cuchilla aplasta la basura en su interior. Ahora hay espacio para más.

La mayoría de los camiones de basura cargan en el portón trasero. Otros cargan por delante. Algunos utilizan un brazo lateral.

¿NECESITAS AYUDA?
¡SÍ, POR FAVOR!

MUCHAS RUEDAS AYUDAN AL CAMIÓN A LLEVAR MÁS.

Un camión de basura puede tener 10 ruedas. La basura se empuja por la parte trasera del camión.

Los camiones de basura la recogen. La llevan a los vertederos.

OTRO DÍA, OTRA BOLSA DE BASURA.
Renova
GARANTERAD ÅTERVINNING
567

¡Adiós, camiones de basura!

[Imagina un camión de basura]

TOLVA
CABINA
RUEDA

PALABRAS QUE DEBES CONOCER

portón trasero: el extremo de un camión de basura que se puede levantar

vertedero: una zona grande donde la basura se cubre de tierra

ÍNDICE